Callwey

Ideen
Techniken
Beispiele

Uwe Geißler

Porzellanmalerei Ranken, Kanten und Bordüren

CALLWEY SPEZIAL

Bildnachweis und Dank

Die Bildvorlagen stammen, soweit nachstehend nicht anders angegeben, vom Autor. Das Titelfoto wurde von Herrn Thomas Tietz, München, aufgenommen; die Abbildungen 1, 2, 4, 5, 52–55, 58–61, 63–65, 70 stammen vom Fotostudio Aurel Beer, Rösrath; die Fotos 3, 29, 44, 62, 68, 69 lieferte Werner Unger, Köln.
Ein besonderes Dankeschön für die Unterstützung bei der Fertigstellung dieses Büchleins geht an meine Schülerin Helga Wischolek aus Marl-Hüls.

Die Deutsche Bibliothek –
CIP-Einheitsaufnahme
Porzellanmalerei: Ranken, Kanten und Bordüren: Ideen, Techniken, Beispiele / Uwe Geissler –
München : Callwey 1993
(Callwey creativ : spezial)
ISBN 3-7667-1065-6
NE: Geissler, Uwe

Einband und Reihengestaltung Germar Wambach, München
Satz Filmsatz Schröter GmbH, München
Lithos CS Repro-Dienst, Singapur
Druck und Bindung Ludwig Auer GmbH, Donauwörth
Printed in Germany 1993
ISBN 3-7667-1065-6

INHALT

7 Blümchendekor auf schwarzem Grund. Er wurde mit Hilfe der Zeichenfeder erstellt und wirkt durch seine ungewöhnliche Farbgebung zeitlos dekorativ.

VORWORT

Fast jedes Porzellanteil erfährt zur Vollendung und Aufwertung der Dekoration eine eigene schmuckvolle Ausgestaltung des Randes. In der Regel ist dies ein Goldrand oder ein farbig gehaltener Abschluß. Manchmal wird der Rand auch mit einer feinen Malerei versehen, die das Hauptmotiv auf dem Scherben wohltuend unterstützt. Diesen Ranken, Bordüren und Kanten soll unsere Aufmerksamkeit im Rahmen dieses kleinen Bandes bevorzugt gelten.
Ich möchte hier speziell auf dieses feingliedrige Genre der Porzellanmalerei eingehen, um dem schon fortgeschrittenen Hobbymaler Anregungen zu geben, sich in dieser Art der Malerei, oft ein wahres »Geduldsspiel«, weiterzuentwickeln. Auf Erläuterungen für Anfänger wie Einsteiger habe ich dagegen bewußt verzichtet, da Grundkenntnisse des Malens auf Porzellan einfach vorausgesetzt sind – dies soll aber nicht heißen, daß nicht auch ein Neuling in diesem Hobby hier wertvolle Anregungen erhalten kann.
Das Malen von Ranken und Kanten schult in hervorragender Weise ein ruhiges, kontinuierliches Arbeiten, Geduld und Durchhaltevermögen. Dabei sind gleichzeitig sowohl die graphische wie die malerische Betätigung gefordert, was, wenn Sie nur fortwährend in Übung bleiben, Ihre Bandbreite malerischen Könnens wesentlich erweitern dürfte.

Äußerst wichtig sind auch Sauberkeit und Genauigkeit beim Malen. Kleinste Abweichungen in der Größe von gemalten Segmenten oder bei einzelnen Feldern fallen dem Betrachter sofort ins Auge, stören das optische Gleichgewicht und können sogar den »Rhythmus« einer Bordüre unterbrechen. Aber auch kleine »Farbsplitter«, die sich neben dem Farbband abgesetzt haben, beeinträchtigen die Harmonie des Ganzen.
Die Ranken und Kanten können sich aus vielerlei Bestandteilen zusammensetzen, die Sie schon von anderen Malereien kennen. Es sind also Blumen ebenso denkbar wie Früchte oder auch graphische Linien. Ich habe mich bemüht, ein recht breitgefächertes Angebot hier aufzuzeigen und hoffe, Sie, lieber Leser, werden möglichst viele der Anregungen aufnehmen und umsetzen, bevor Sie später Ihre eigenen Entwürfe erstellen werden.
Die Auszier von Vasen-, Becher- und Tellerrändern ist aber keinesfalls nur als Ergänzung zu den großen Dekors gedacht, sondern seit jeher als eigenständiger Dekor anzutreffen. Denken Sie nur an das bekannte Meißner Weinlaub oder die vielen Mäandervariationen.
Vielfalt herrscht auch bei der farbigen Gestaltung. Einfarbige Varianten sind ebenso dekorativ wie bunte Bänder, die in der Wirkung noch durch die Verwendung von Gold unterstützt werden. Auch hierzu werden Sie mehrere Beispiele im Buch finden. Außerdem können Sie erfahren, welche Kante zu welchem Stück paßt und wie sie angebracht werden sollte, um die optimale Ausstrahlung zu haben. Beschrieben werden sämtliche Arbeitsschritte vom Aufzeichnen beziehungsweise Aufpausen über die Anlage der Farben bis zur Ausarbeitung. Zahlreiche weitere Vorlagen für dieses spezielle Metier finden Sie in großer Auswahl auf den fertigen Teilen aller Porzellanmanufakturen. Aber auch vielerlei Musterbücher geben gut verwertbare Anregungen.
Neben Ihrer Sorgfalt bei der farblichen Ausführung ist immer auch

8 Der Autor und seine Schülerin Helga Wischolek.

Ausdauer besonders gefordert, gilt es doch bei den meisten Mustern, ein gleichbleibendes Dekorsegment in immer wiederkehrender Gleichmäßigkeit auf einen – noch dazu gewölbten – Untergrund aufzubringen. Oft birgt jedes Segment in sich so viele Details, daß wir schon sehr sauber arbeiten müssen, damit der Gesamteindruck gelungen ist: Eine aufwendig gemalte Kante sollte die Präzision eines Drucks aufweisen, bei genauerer Betrachtung sollte aber doch die unverwechselbare Handschrift des Porzellanmalers erkennbar werden. Versuchen Sie es! Viel Spaß bei der Arbeit wünscht

Uwe Geißler, Rösrath

WELCHE KANTEN PASSEN ZU WELCHEM PORZELLANGEGENSTAND?

Bei sämtlichen Ranken, Kanten und Bordüren müssen wir selbstverständlich darauf achten, daß sie auch auf dem entsprechend richtigen Scherben plaziert werden. Es wäre völlig unpassend, würde eine duftige Blumengirlande, wie wir sie von Jugendstilporzellanen kennen, auf ein streng klassizistisches Porzellan aufgebracht. Suchen Sie sich also zunächst geeignete Vorlagen aus. Strenge Formen vertragen sich in der Regel gut mit straff gegliederten Bändern oder Ranken. Überlegen Sie also einmal in Ruhe, ob Ihr Dekor im Grundausdruck graphisch oder malerisch sein soll. Weiche, geschwungene Porzellanformen sehen sicher besser mit malerischen Dekorationen aus.

Bei diesen malerischen Ausführungen haben wir gestalterisch fast völlig freie Hand und können so die jeweiligen Dekorelemente, wie Blüten, Früchte und anderes, frei in ein Band einbringen. Diese Varianten sehen immer sehr unbeschwert und locker komponiert aus, da sie nicht durch strenge Bänder oder Linien gehalten werden. Auch kennen diese Kanten keine festen Grenzen und können so an einigen Stellen durchaus weit in den Scherben hineinreichen. Ähnlich der naturalistischen Blumenmalerei wird sehr weich und duftig gemalt und dadurch ein Effekt erzielt, der ausgesprochen zart wirkt.

Zu den malerischen Varianten müssen wir auch die einfachen und die reichen Goldkanten rechnen, die meist mit dem Pinsel erstellt werden. Obwohl sie sehr graphisch angelegt sind, werden sie mehr gemalt als gezeichnet. Meist gibt man sich einzelne Segmentabschnitte vor und malt dann mit dem Goldpinsel die geschwungenen Details ein. Sicher sind Ihnen einige jener zauberhaften Beispiele bekannt, die an Tellerrändern oder auf kobaltblauem Fond die bunte Hauptmalerei dekorativ unterstützen. Oft sehen solche Goldkanten wie fein gestickte Stoffspitzen aus und bringen eine ausgesprochen noble Note in die Porzellandekoration. Doch dazu Näheres im Kapitel »Goldkanten« auf Seite 30.

Mit Kanten und Ecken versehene klare Porzellandessins ziert man eher mit geradlinigen Bordüren und Streifen. Sie kennen sicher viele Beispiele aus der Indischmalerei und den Unterglasurdekoren. Gearbeitet wird hier auch mehr mit der Zeichenfeder. Zu finden sind solche Kanten meist, wie sonst auch, am Dekorteilrand, vereinzelt aber auch im Tellerspiegel und bei Hohlteilen im Gefäßinneren.

Graphische Kanten passen gleichermaßen gut zu modernen Formen und zu Phantasiedekoren. Meist sind es stilisierte Motive und geometrische Grundideen. In Phantasiekanten können Sie all Ihrer Kreativität und Phantasie freien Lauf lassen.

Aber auch hier muß die Malerei zum Scherben passen. Sehr »schräge« Formen vertragen durchaus eigenwillige Bordüren und bieten einen wahren Tummelplatz für Porzellanmaler, die sich mit Farbe und Pinsel so richtig frei entfalten wollen. Eigene Entwürfe sind hierbei selbstverständlich ein Muß.

9 **Bei diesem Teller wurde die Goldranke am Rande des Zierreliefs entlang mit der Feder gezeichnet. Um einen zarten, delikaten Ausdruck zu erzielen, muß also nicht immer das ganze Relief staffiert werden – man kann ruhig auch einmal einen Teil unbemalt stehen lassen.**

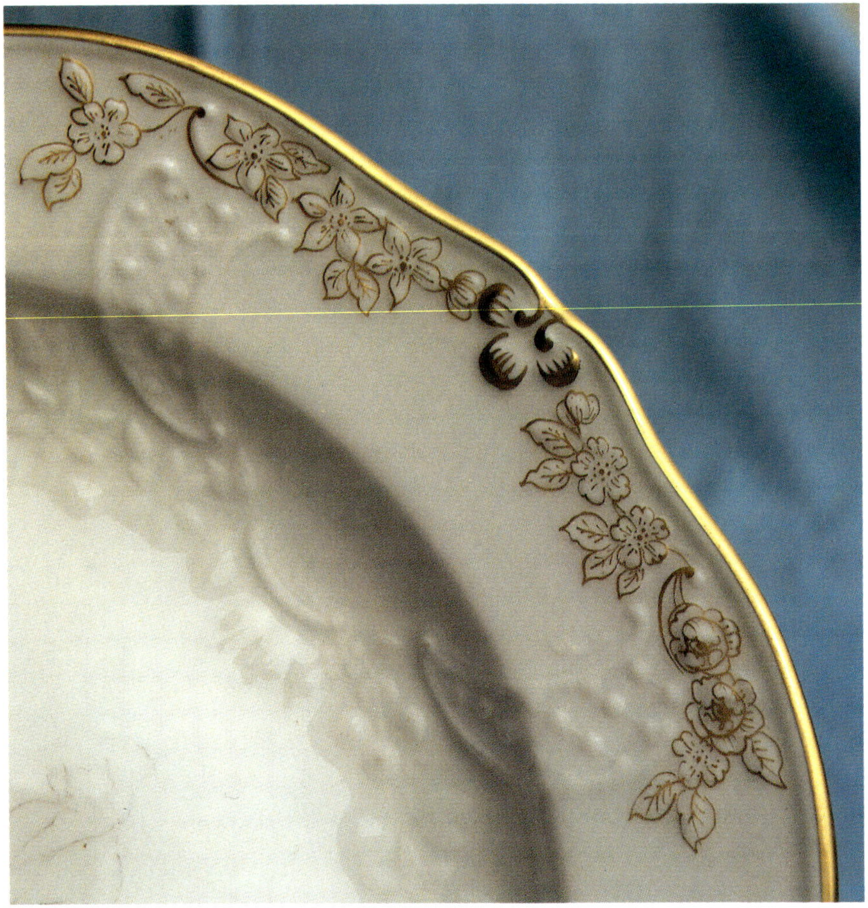

Wer es aber lieber klassisch mag, richtet sich nach unseren altbekannten Vorbildern vergangener Zeiten und kopiert zunächst einige gute Vorlagen. Sie finden Sie in vielen Büchern über Porzellangeschichte, in Werbeprospekten von Manufakturen oder auch in all den Spezialmuseen.

Mein Tip:

Fotografieren Sie bei jedem Besuch einer Ausstellung oder einer Sammlung von Markenporzellanen soviel Material wie möglich. Diese Fotos mit wertvollen Malvorlagen bereichern Ihren Bilderschatz um ein Vielfaches. (Ein gutes Macroobjektiv an Ihrer Kamera ermöglicht Ihnen wertvolle Detailaufnahmen!)

Wie Sie die genaue Anordnung der Dekore vornehmen sollten und welche Kompositionsgesetze Sie beachten müssen, erfahren Sie im folgenden Kapitel.

DIE KOMPOSITION VON RANKEN UND BORDÜREN AUF VERSCHIEDENEN TEILEN

1. Die Plazierung am Rand

Dies ist für Kanten und Ranken die wohl am häufigsten anzutreffende Anordnung auf Porzellan und kann sowohl als Einzeldekor wie auch in Verbindung mit einer größeren Hauptmalerei auf dem Teil ausgeführt werden. Man wählt in der Regel einen Mindestabstand vom Außenrand des Gegenstandes und legt eine erste Orientierungslinie fest. Dann setzt man in entsprechendem Abstand zu dieser ersten Linie eine zweite und hat nun bereits die gewünschte »Bandbreite«. Dahinein können wir nun alle nur denkbaren Kanten, Bänder oder Ranken komponieren. Zu beachten ist einzig und allein, daß an keiner Stelle über diese Erstbegrenzung hinausgemalt wird. Empfehlenswert ist hierbei das Arbeiten mit Lochpausen, da so ein regelmäßiges Aussehen erreicht und der Kante mehr Genauigkeit verliehen wird.

10 Die Plazierung am Tellerrand.

11 Die freie Plazierung auf dem Teller: Die Segmentierung des Malgrundes vereinfacht in jedem Fall das Aufbringen des Motivs und ist besonders bei sich wiederholenden Mustersegmenten von Vorteil.

2. Die Plazierung innen

Diese zweite Möglichkeit treffen wir sowohl bei Flach- als auch bei Hohlteilen an. Je nach Größe des Scherbens sind im besonderen bei ausladenden Teilen zwei Rankensegmente durchaus günstig. Deshalb kann man beispielsweise auf einem Teller neben der Randkante noch eine zweite in den Tellerspiegel plazieren. Aber auch bei Tassen, Schüsseln oder Vasen kann eine Kante auf der Innenseite (nicht Schauseite) gemalt werden (siehe Abb. 12). Sehr oft treffen wir diese Dekorvariante in der Indischmalerei an. Sie brauchen hierfür eine geübte Hand, da allein das Halten der manchmal doch recht großen Hohlteile nicht so leicht ist. Wenn dann noch mit Feder gezeichnet werden muß, wird es wirklich schwierig!
Die Anordnung erfolgt aber genau wie bei der Randkante entlang einer Richtlinie, die meist durch eine Linie im Scherben vorgegeben wird (z.B. Randkante Tellerfahne – Tellerspiegel). Bei gewölbten Rändern, wie wir sie oft an Tassen haben, verläuft die Kante der Bewegung folgend schwungvoll im Inneren.

3. Die freie Plazierung

Auf allen nur denkbaren Teilen können Sie natürlich die Kanten auch dekorativ frei auftragen. In Form von »Bauchbinden« auf Kaffeekannen oder Vasen haben Sie dies sicher schon oft gesehen. Sie können aber auch selbstentworfene Bänder dekorativ »um die Teile« legen. Beachten Sie aber immer, daß die Weißfläche des Stückes ansprechend verziert wird, das heißt, kein Teil mit schmückendem Beiwerk überladen wird. Die Bänder sollten immer mehr oder weniger die Grundform betonen und dementsprechend verlaufen. Bei einer Teedose kann man also ruhig ein rechteckiges Band auftragen, während ein Ascher ein rundes benötigt, um gut zu wirken.
Aus der Biedermeierzeit kennen wir die vielen hängenden Blumenbänder, die, mit Schleifen durchzogen, sehr reizvolle Dekore abgeben. Hierzu passen auch gut einige Streuer, die locker neben den Blütengirlanden liegen können. Freie Plazierung bedeutet aber auch, daß Sie verschiedene Kantensorten miteinander mischen können. So hat beispielsweise ein Band einen streng geradlinigen Anfang, um dann in ein duftig weiches und schließlich wieder starres überzugehen. Probieren Sie soviel als möglich aus und schaffen Sie auch farbliche Varianten, um ein breites Spektrum kennenzulernen.

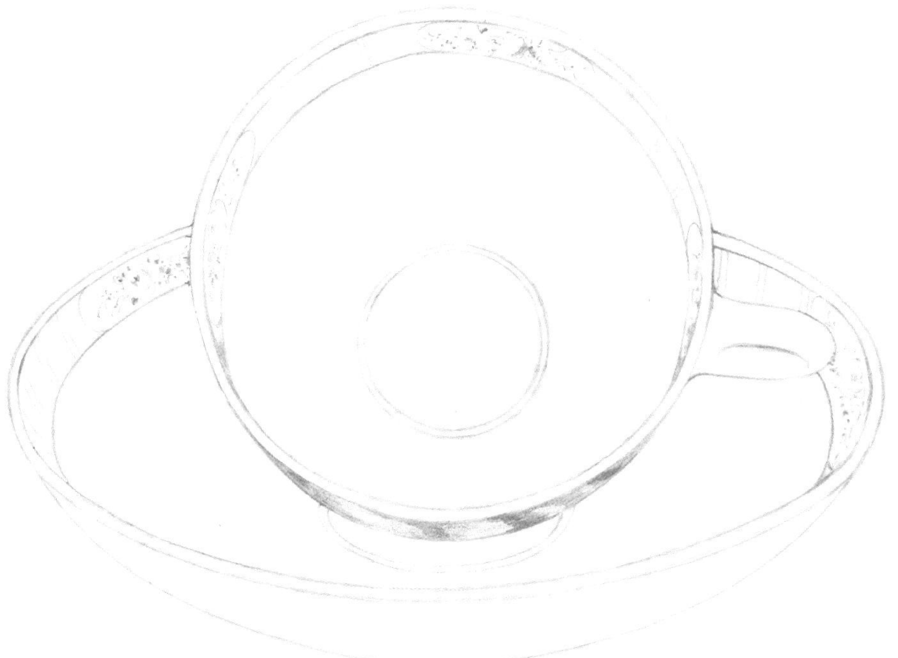

12 Die Plazierung am Innenrand.

DAS AUFPAUSEN VON KANTEN UND BORDÜREN

Wem das freie Aufzeichnen dieser feinen Linien und all der Einzelsegmente zu schwer scheint, der hat immer noch die altbewährte Lochpause zur Verfügung. Sie anzuwenden, sollten Sie sich nicht schämen, da sie hier das probate Mittel ist, Genauigkeit zu erzielen und Sie Ihr Vermögen, frei aufzuzeichnen, bei anderen Dekoren sinnvoller unter Beweis stellen können. Selbst die Meißner Profis verwenden bei all den vielfältigen Indischschmuckleisten ihrer Motive tagtäglich die Lochpause. Sie hilft uns speziell bei dem graphischen Teil der Porzellandekoration erheblich, eine saubere und gleichmäßige Zeichnung zu schaffen, die sonst vielleicht zu viele Korrekturen und Nacharbeiten nach sich ziehen würde. Und wir Maler im Hobbybereich wollen in erster Linie wohl hauptsächlich das eine – Spaß!

Wie Sie vielleicht aus meinem ersten Buch »Porzellan bemalen« schon wissen, gibt es zwei Hauptmaterialien für die Pausenfertigung, nämlich Bleifolie und Transparentpapier (Butterbrotpapier). Da Kanten auf Porzellanteilen fast immer auf geschwungenen oder gerundeten Malgründen sitzen, sollte unser Pausmaterial natürlich sehr anschmiegsam und weich sein. Diesen Zweck erfüllt die Bleifolie logischerweise besser und ist somit auch geeigneter für uns. Für flache Geschirre wie Teller oder Brettchen ist aber auch das Transparentpapier geeignet.
Aber gehen wir der Reihe nach vor und sehen uns im folgenden einmal den Werdegang und das Anpassen einer Bleifolien-Lochpause an (s. Abbildung 13–16):

Zu 13: Hier sehen Sie, wie das Motiv zunächst mit Butterbrotpapier vom Muster abgenommen wird. Wenn das Porzellanstück gewölbt ist, schneiden Sie in das Papier kleine Stege, die ein besseres Anlegen ermöglichen. Fixieren Sie das Papier auf dem Scherben mit etwas Tesafilm, um es genau aufliegen zu lassen und gegen Verschiebungen zu sichern. Damit das Muster der Kante durch das Papier besser zu sehen ist, geben Sie zwischen Scherben und Papier etwas Alkohol (Reinigungsspiritus). Zeichnen Sie das Motiv mit einem harten, spitzen Bleistift durch und achten Sie auf dünne Linien.

13 Das Abpausen eines fertigen Randdekors mit Bleistift auf Transparentpapier.

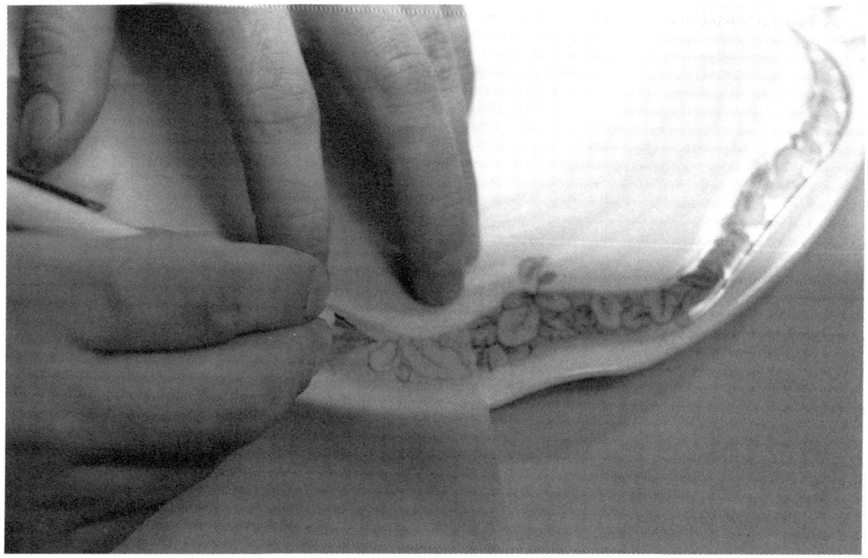

Zu 14: Die nun auf dem Transparentpapier gewonnenen Konturen des Dekors werden auf ein entsprechend großes Stück Bleifolie gelegt. Befestigen Sie auch jetzt wieder beide Folien gut aneinander und beginnen Sie, mit der Pausnadel die Konturen Loch für Loch durchzustechen, so daß die Malerei als Punktmuster im Blei erscheint. Zu beachten ist, daß die durchstoßenen Löchelchen nicht zu groß sind, da sonst später beim Pausen zuviel Pauskohle hindurchfällt und die Vorzeichnung viel zu dunkel und zu grob erscheint.

14 Das Durchstechen der Konturen des Musters Loch für Loch. Auf Feinheiten kommt es hier noch nicht so sehr an.

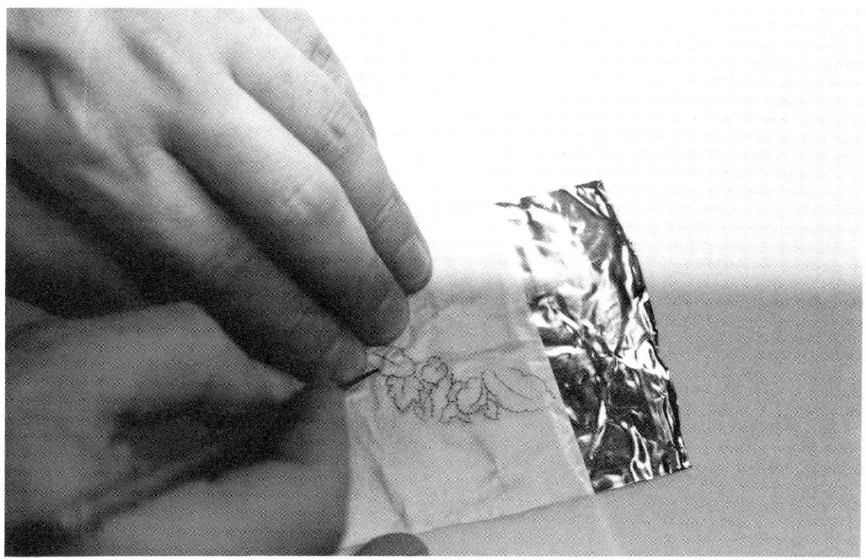

15 Anpassen der Bleifolie an den Gegenstand, auf den der Randdekor übertragen werden soll.

16 Mit dem Pauskohlebeutel wird Kohlestaub durch die Aussparungen der Bleifolie auf das Porzellan aufgebracht.

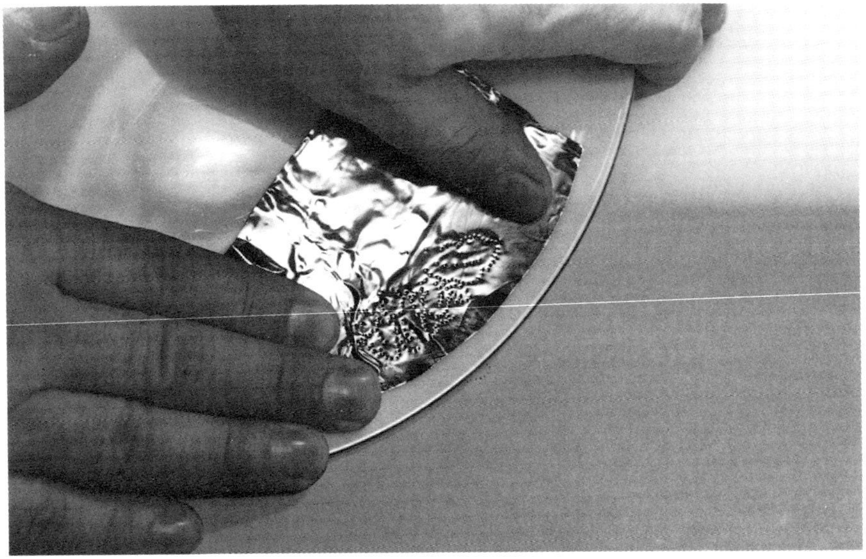

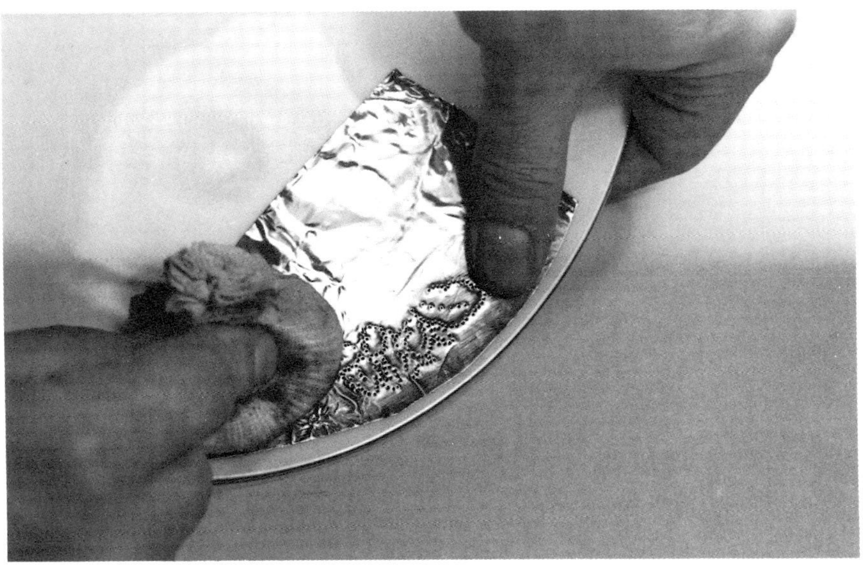

Zu 15: Die so erhaltene Lochpause wird nun an den zu bemalenden Gegenstand angepaßt. Achten Sie darauf, daß sich keine Partien der Pause verschieben und das Gesamtbild verändern. Zartes Andrücken mit den Fingern wird die Pause hier und da noch etwas genauer anlegen. Die Verwendung von Tesafilm kann auch hier nicht schaden, um die Pause zu fixieren.

Zu 16: Während die eine Hand die Pause am Gegenstand festhält, wird mit der anderen der Pauskohlebeutel, der vorher mit Kohlestaub benetzt wurde, weich über die Pause gerieben. Drücken Sie ruhig ein bißchen auf, damit auch durch jedes Loch etwas Kohle auf den Scherben fällt. Bei größeren Mustern kann man natürlich den Beutel mehrfach in die Kohle tauchen, um alle Stellen durchzupausen.
Wichtig ist beim Herstellen der Pausen, daß nicht alle Einzelheiten übertragen werden müssen. Oft sind viele Details so klein, daß es ein heilloses Durcheinander in unserer Vorzeichnung geben würde. Konzentrieren Sie sich daher auf immer wiederkehrende Grundelemente in einer

Bordüre und geben Sie sich nur Orientierungshilfen an! Es genügt, wenn wir von einer Schmuckleiste die Grundeinteilung haben und vielleicht einige mittlere Bausteine.

Ein Beispiel:

Ein runder Dosendeckel ist mit einer Zierkante in Gold zu versehen. Unterteilen Sie das Rund zunächst in vier gleich große Teile (mit Hilfe des Fadenkreuzes). Die erhaltenen Viertel werden nochmals geteilt, so daß wir acht Segmente erhalten. Setzen Sie diese Teilungen soweit fort, bis Sie die gewünschte Einteilung haben. Ziehen Sie jetzt vom Deckelrand her mit Fettstift in ca. 2 mm Abstand eine feine Linie um den Deckel. Danach eine zweite in der Entfernung von der ersten, die der Breite unserer späteren Kante entspricht. Das Innere des Deckels wird vom Fettstiftstrich befreit.

Nun können Sie in die erhaltenen Teile der Kante noch erste grobe Linien des späteren Musters einbringen. Sämtliche Kleinigkeiten wie Pünktchen, Schnörkel oder Zierat lassen Sie bitte bei der Pause noch weg. Diese Loch für Loch durchzustechen, ist ohnehin unmöglich, und später sind sie auch frei Hand recht leicht einzuzeichnen. Es werden also nur die Segmente mit den gröberen Grundelementen auf der Lochpause übernommen!

Beim Arbeiten mit der Transparentpause hingegen können Sie alle Details einer Ranke durchpausen. Hier wird ja nichts durchstochen, und die Pauskohle fällt auch weg. Benutzen Sie diese Pause aber nur bei wirklich ebenen Malgründen, wo keine Schwünge und Ausbuchtungen von Hohlteilen bemalt werden. Mit dem Butterbrotpapier werden alle Einzelheiten der Ranke durchgezeichnet, und eben dieses Stück Papier wird dann auch direkt auf den Scherben gelegt. Vorher jedoch müssen Sie es auf der Rückseite mit etwas Fettstift einreiben und diesen mit dem Finger verstreichen.

Kleben Sie die Pause auch hier wieder fest und beginnen Sie mit dem Durchpausen, indem Sie das Motiv auf der Pause einfach noch einmal nachzeichnen. Der rückseitige Fettstiftfilm drückt sich beim Nachfahren auf dem Teller als Motiv-Vorzeichnung ab.

Mein Tip:

Wer mit der Fettstiftschicht Schwierigkeiten hat, kann auch einfaches Kohlepapier unterlegen und so durchzeichnen. Reiben Sie in jedem Fall den Malgrund gut mit Spiritus ab, damit die Zeichnung haftet. Und zeichnen Sie die Konturen wenn möglich nicht mit einem Bleistift oder Kugelschreiber nach, sondern verwenden Sie eine alte, möglichst kleine Häkelnadel! Das ergibt nicht bei jedem Durchpausen zwangsläufig eine dickere Strichstärke auf der Pause.

EINFACHE BLÜMCHENKANTEN AUF FLACHTEILEN

Für Blümchenkanten können wir alle nur denkbaren Blumensorten heranziehen und auch stilisierte und frei erfundene Blüten einbringen. Bevor Sie jedoch eigene Entwürfe gestalten, üben Sie erst einmal einige der Muster aus diesem Büchlein oder orientieren Sie sich an guten Porzellanstücken. Erst wenn vorgegebene Beispiele »sitzen«, sollte man ans kreative Malen gehen. Viele schöne Blümchenkanten finden sich auch in Musterheften für Stoffe oder gar Tapeten. In der Regel werden fortlaufende Blumenbänder in mehr oder weniger üppiger Ausführung gezeigt. Die Blumen lassen sich mit Bändern, Linien, Zweigen oder auch Blumengittern verbinden; so wird der Kante genügend Halt gegeben. Die Form der endgültigen Gestaltung einer Blumenranke auf Porzellan hängt natürlich auch von der Form des Scherbens ab. Geradlinige Bordüren entsprechen strengen klassizistischen Porzellanen eher als weichfließende Barockschwünge.

Stopfen Sie auch bitte die kleinen Schmuckbänder nie zu voll mit all den bunten Farbtupfen, da sonst das Band »quillt« und zu aufdringlich wird.

Leicht und luftig sollen die Girlanden wirken und nicht schwer, gedrungen. Wichtig ist dabei, daß zwischen den Blümchen und dem Blattgrün stets genügend »Luft« bleibt, die für die nötige Transparenz sorgt.

Farblich gibt es eine Vielzahl von Möglichkeiten, solch einfache Blümchenkanten auszuführen. Ich möchte Sie Ihnen im folgenden kurz auflisten:

- Bunte Blümchen, grünes Laub
- Einfarbige Blümchen, grünes Laub
- Einfarbige Bänder mit z. B. roten Blümchen und rotem Blattlaub
- Bunte Blümchen, goldenes Laub
- Purpurne Blümchen, goldenes Laub
- Bunte Blümchen, blaues Laub (modernere Variante)
- Goldene Blümchen, blaues Laub und viele weitere Kombinationen.

Für die Größenverhältnisse der verwendeten Blumen gilt, daß wir genau wie in der »großen« Malerei drei Varianten brauchen: große, mittlere und kleine Blüten. In allen Bändern erkennen Sie Hauptblumen, Bindeblumen und Durchzüge.

Die großen Sorten werden in der Regel in gleichbleibend dekorativen Abständen in die Bordüren gesetzt. Die entstandenen Zwischenräume werden anschließend mit Bindeblumen in mittlerer Größe ergänzt, ohne bereits alle Lücken zu füllen. Kleine und kleinste Zweige mit Vergißmeinnicht und all den anderen Durchzugsblumen kommen zuletzt. Anschließend ergänzt das entsprechende Blattwerk in Gelbgrün, Blaugrün und Oliv die Malerei.

17 Laufendes Wellenband mit floralen Elementen und reicher Goldergänzung (in Schwarz gezeichnet). Man sieht sehr schön, wie die Tulpen, Stengel und Blätter aus der ursprünglichen Rundmäander-Form entwickelt werden.

18 Die Exaktheit dieses Dekors, bei dem sich eine Rosen- und Vergißmeinnicht-Ranke anmutig mit einer zarten Girlande umschlingen, ist einfach zu erreichen: Er wiederholt sich stets innerhalb der vorher festzulegenden Einzelsegmente!

19 Die zeichnerische Vorübung zum Girlanden-Muster ist in jedem Fall sehr zu empfehlen.

20 Hier haben wir ein Beispiel üppigster Kantengestaltung auf einem flachen Teller.

21 Der reiche Golddekor wertet das Stück zusätzlich auf.

22 Eine Rundumranke mit vier verschiedenen Dekorthemen. Die Mischung aus Blumen und Früchten macht diesen Teller besonders appetitlich in seiner Wirkung.

23 Eine Blumenranke, die nicht umlaufend ausgeführt ist, kann bei reliefiertem Porzellan durchaus ausreichend sein.

GRAPHISCHE KANTEN UND RANKEN

Indischkanten

Viele Beispiele der Indischmalerei – eigentlich ostasiatischer Herkunft – ziert eine ganz speziell dazugehörige Randkante. In oft sehr aufwendiger Weise wird dabei mit der Zeichenfeder ein angemessener Rahmen für das Hauptmotiv erarbeitet. Sie haben sicher selbst schon staunend vor einem solchen Teil gestanden und gerätselt, wie man diese erstaunliche Symmetrie der Zeichnung zuwege bringt. Größtenteils ist das eine Frage der Ausdauer und der graphischen Fertigkeit. Es ist durchaus nicht jedermanns Sache, gerade mit der Feder lange, gleichbleibend ruhige Linien zu realisieren. In unseren Beispielen wollen wir uns auch nur auf die etwas kleineren Muster für den Hobbybereich beschränken. Auf den folgenden Seiten sehen Sie einige Beispiele aus der Indischmalerei, der Goldverzierung und kombinierte Varianten mit farbigen Blüten und Gold.

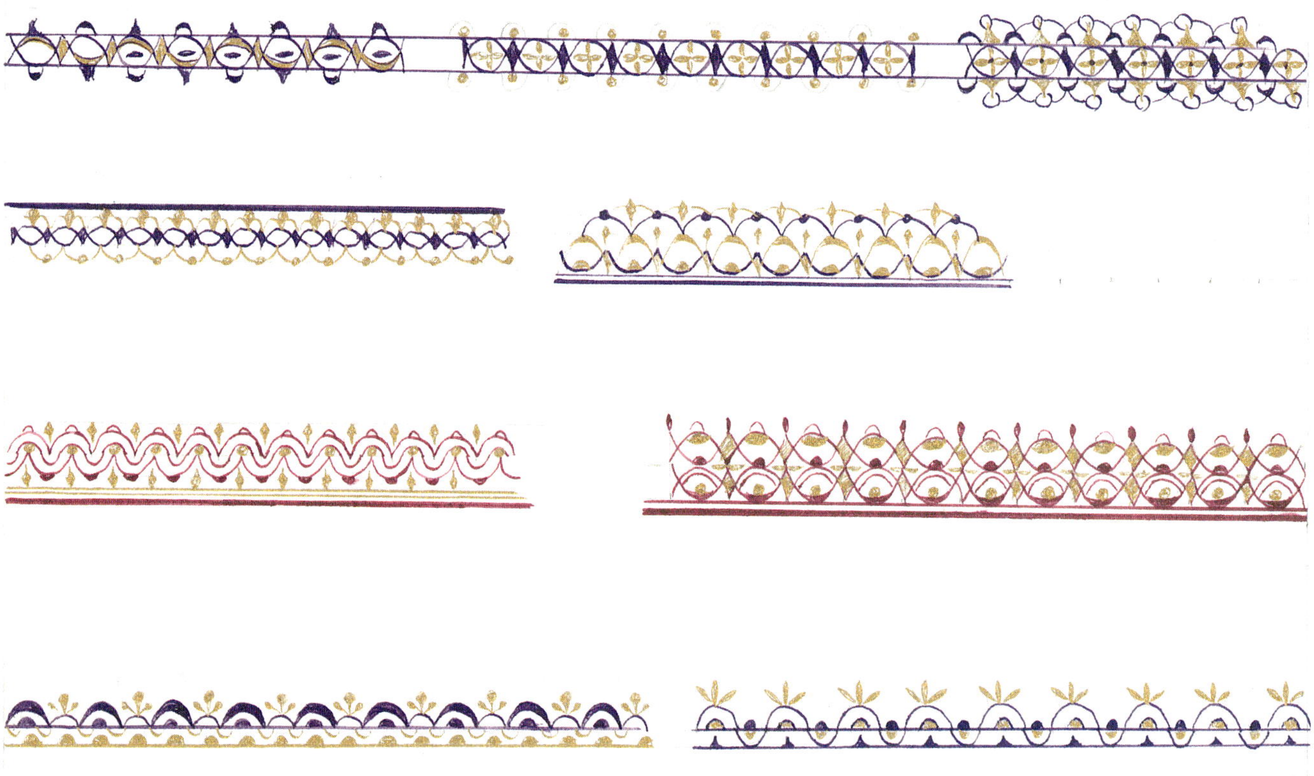

25 Drei Beispiele für Indischkanten, gedacht als Vorlagen zur Abnahme mit der Pause.

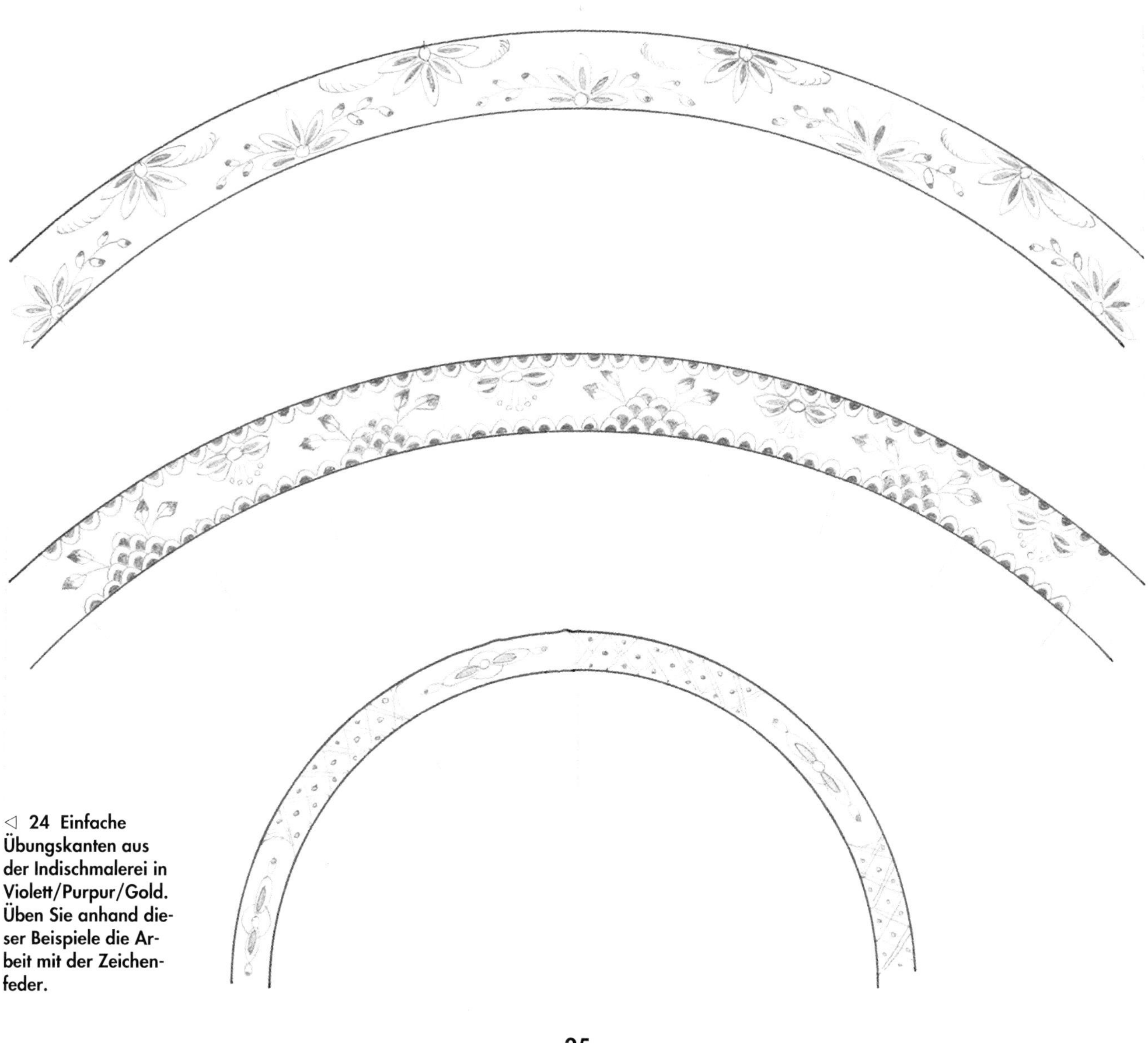

◁ 24 Einfache Übungskanten aus der Indischmalerei in Violett/Purpur/Gold. Üben Sie anhand dieser Beispiele die Arbeit mit der Zeichenfeder.

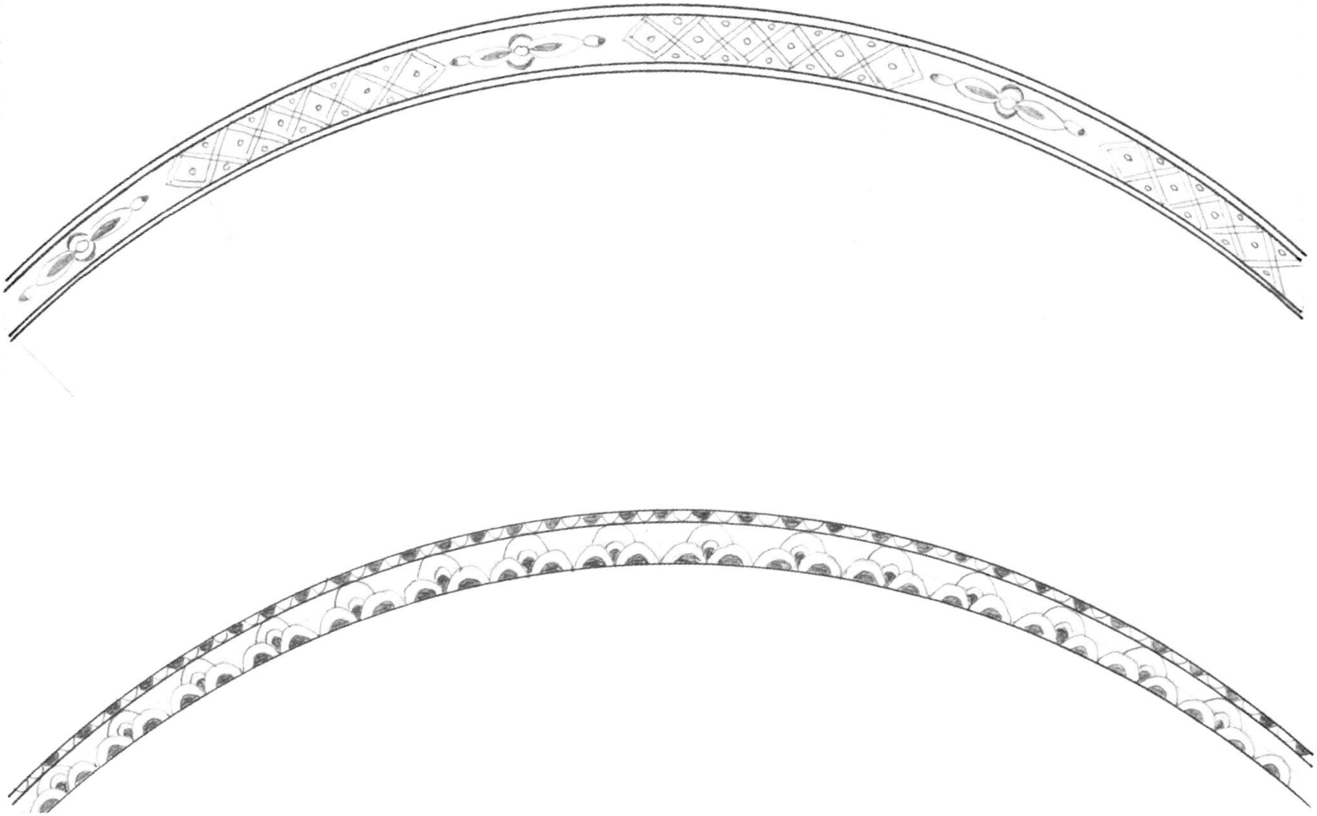

Bevor Sie an Indischkanten herangehen, sollten Sie zunächst den Umgang mit der Zeichenfeder erlernen, falls das nicht schon sitzt. Sie wissen sicher, daß die Farbe hierbei ein wenig dünnflüssiger angerieben werden muß, um gut aus der Feder zu fließen und eine gleichbleibende Strichführung zu gewährleisten.
Die Kanten können Sie von einem Originalstück abnehmen oder auch selbst entwerfen. Letzteres ist leichter, als man denkt. Wenn Sie sich die Indischkanten auf den folgenden Seiten etwas genauer anschauen, sehen Sie, daß in allen Beispielen eine immer wiederkehrende Symmetrie vorhanden ist. Das heißt, daß in bestimmten Abständen immer das gleiche Einzelsegment wieder auftritt

26 Oben eine geometrisch entwickelte Kante, unten Blütenblätter, die jenen der geheimnisvollen Lotusblüte nachempfunden sind.

27 Ein verspieltes, bogenförmiges Motiv.

und erst in seiner Gesamtheit als Kante voll erlebbar wird. Teilen Sie also beispielsweise Ihren Teller zunächst am Rand in angenommen 12 Teile (sonst nach Belieben). Fertigen Sie nun entsprechend der Größe eines Einzelabschnitts ein graphisches Einzelbild und setzen Sie dieses nach Fertigstellung einfach immer wieder aneinander. Wie das Einzelbild genau aussehen soll, ist allein Ihren Vorstellungen überlassen: Es sollte freilich zum Hauptdekor in der Tellermitte passen. Am besten ist es ohnehin, Details aus dem Hauptmuster herauszunehmen und als Kantenbestandteile zu verwenden. Bei der Indischmalerei sind das beispielsweise kleine Rosetten, stilisierte Blüten oder auch Schuppen.

Farblich sind Indischkanten in allen nur denkbaren Varianten anzutreffen: einfarbig, bunt, mit und ohne Goldanteil. Auf Seite 24 sehen Sie einige Beispiele in Purpur/Violett/Gold, die sich gut für den Hobbymaler eignen, da sie recht einfach im Aufbau sind und dabei doch sehr üppig wirken. Die Varianten auf den Seiten 25–28 sind hingegen schon etwas ausführlicher. Sie sollten sie ruhig einmal kopieren, um verschiedene Zeichenbilder studiert zu haben. Kombinieren Sie auch Feder- und Pinselarbeit, indem Sie die Konturen mit der Feder zeichnen und die Drucker mit dem Pinsel einsetzen. Wenn diese Übungsbeispiele gut gelungen sind, können Sie die ersten eigenen Entwürfe machen. Orientieren Sie sich an Originalteilen, Buchvorlagen oder anderen Mustern.

28 Ein weiteres Indischdekor, bei dem die Lotusblüte nicht fehlen darf.

29 Bei diesem Teller mit Indischmuster in Grün ist der Rand ähnlich gestaltet wie auf Abbildung 26 oben.

Goldkanten (einfache Varianten)

Auch Goldkanten – in mehr oder weniger filigraner Ausführung – bestehen aus sich immer wiederholenden Teilabschnitten. Der Aufwand, der für Goldkanten betrieben wird, hängt in hohem Maße vom Hauptdekor des Scherbens ab. Je üppiger das gemalte Motiv, um so raffinierter die Kante aus Gold. Eigentlich ist es nur logisch, daß man einer sehr umfangreichen Porzellandekoration auch einen würdigen Rahmen gibt. Aber selbst reliefierte Porzellanteile erfahren oft eine großzügige Goldbemalung. Meist wird hierbei das vorgegebene Relief mit feiner Zeichenfeder nachvollzogen, und man erhält so eine sehr dünne und auch graphisch anmutende Girlande (siehe Abb. 30).

Wie die Goldgirlande Schritt für Schritt entwickelt wird, sehen Sie auf den Abbildungen 30 und 31. Die Malerei entsteht von links nach rechts, und man beginnt die feine Vorzeichnung mit Fettstift. Anschließend zeichnen wir mit der Zeichenfeder sämtliche Linien der Kante nach und setzen daraufhin mit einem Druckerpinsel die dunklen Felder. Achten Sie bei dieser Art Goldmalerei darauf, daß die Farbe nicht zu fettig angemacht wird, damit die feinen Linien nicht »breitlaufen«. Wie Sie unter der Schritt-für-Schritt-Zeichnung sehen (Abb. 30 und 31), kann man diese Kante auch leicht um runde Porzellanteile legen.

Auf Seite 32 haben wir noch ein Beispiel, wie einfache Bögen zu einer mittelreichen Randverzierung aufgebaut werden können. Zu diesen Goldspitzen mit ihren feinen Verzweigungen können wir nun noch bunte Elemente hinzubringen. Man ergänzt die Goldkante mit feinen Blumenmalereien. Setzen Sie passend zu den Goldbändern in harmonischen Schwüngen kleine Blümchenreihen (Abb. 32, 33, 37–39). Zu beachten ist, daß die Blümchenergänzungen den filigranen Charakter der Kante unterstützen – also sehr feingliedrig gemalt sind. Hier kommen uns Fertigkeiten zugute, die wir eventuell schon beim Gestalten von Streublümchendekor erworben haben, wo wir bereits die kleinen Farbtupfer in all ihren Feinheiten studieren konnten. Sehr beliebt bei Goldkanten sind übrigens kleine Röschen und auch das unverzichtbare Vergißmeinnicht. Das liegt sicher an der Farbharmonie, die sich bei Purpur/Blau/Gold ergibt. Die Goldanteile bei den Vorlagen in diesem Büchlein habe ich in Schwarz ausgeführt, um Ihnen gleich den Eindruck des ungebrannten Goldes zu vermitteln.

Bei Goldkanten/-ranken mit farbigen Anteilen sind uns fast keine Grenzen gesetzt, was die Vielfalt der Gestaltungsmöglichkeiten angeht. In zahllosen Varianten erscheinen sie auf alten Porzellanen. Neben dem Kopieren verschiedener Vorbilder liegt der größte Reiz dieser Dekorationsart vor allem darin, eigene Kanten und Ranken zu entwerfen und in allen möglichen Variationen zu probieren, sei es nun als bunte Indischkante, als duftige Blumenbordüre oder etwas kostbarer in reinem Gold.

30 Dieses Design kombiniert Halbkreisbögen mit girlandenartigem Schmuck.

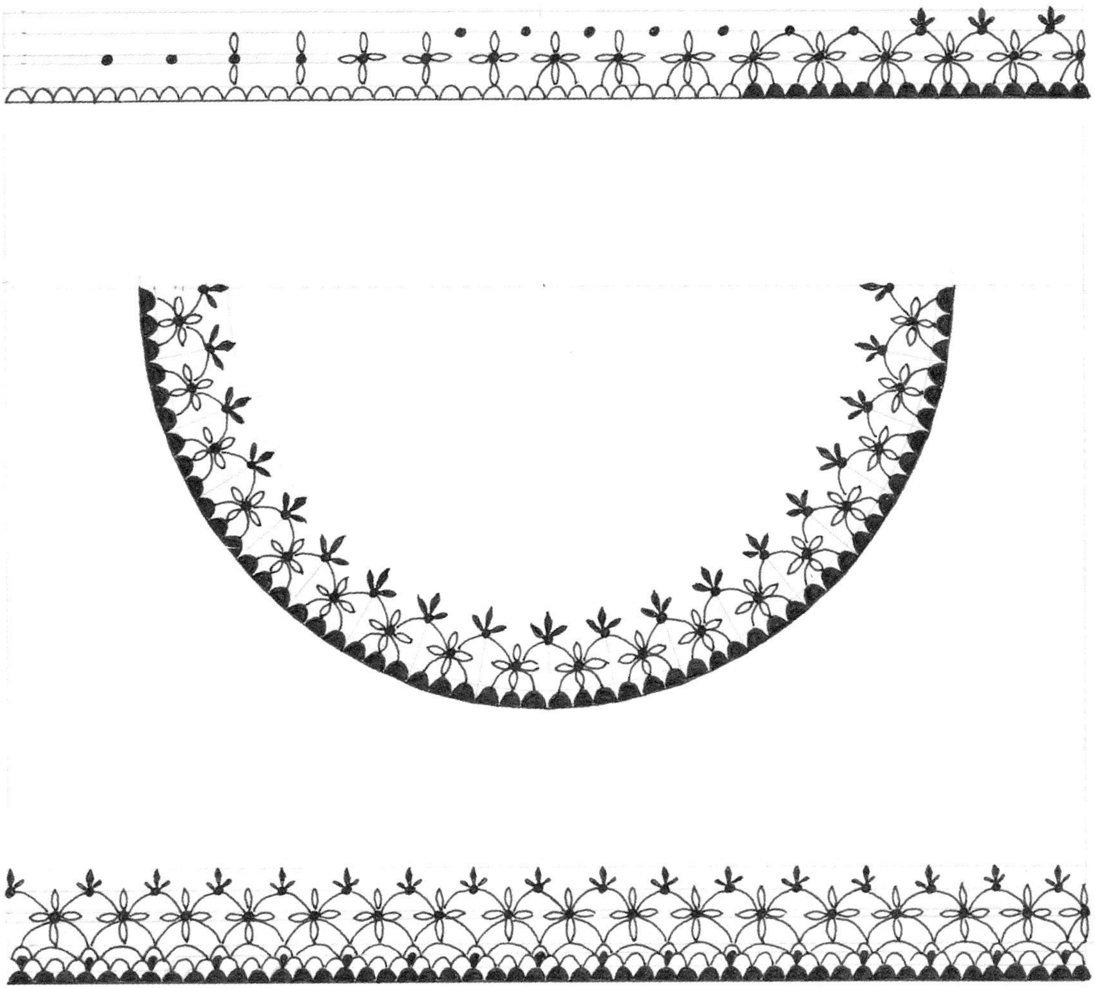

31 Diese Randverzierung läßt sich – beliebig fortgesetzt – aus einfachen Bögen aufbauen.

32 Auf den Seiten 33 und 36 sehen Sie einmal verschiedene Möglichkeiten der Kombination von Gold und Farbe in jeweils derselben Kante. Die Blümchensorte kann beliebig getauscht und auch ergänzt werden.

33 Kopieren Sie am besten diese Beispiele als Übung und gestalten Sie danach eigene Varianten.

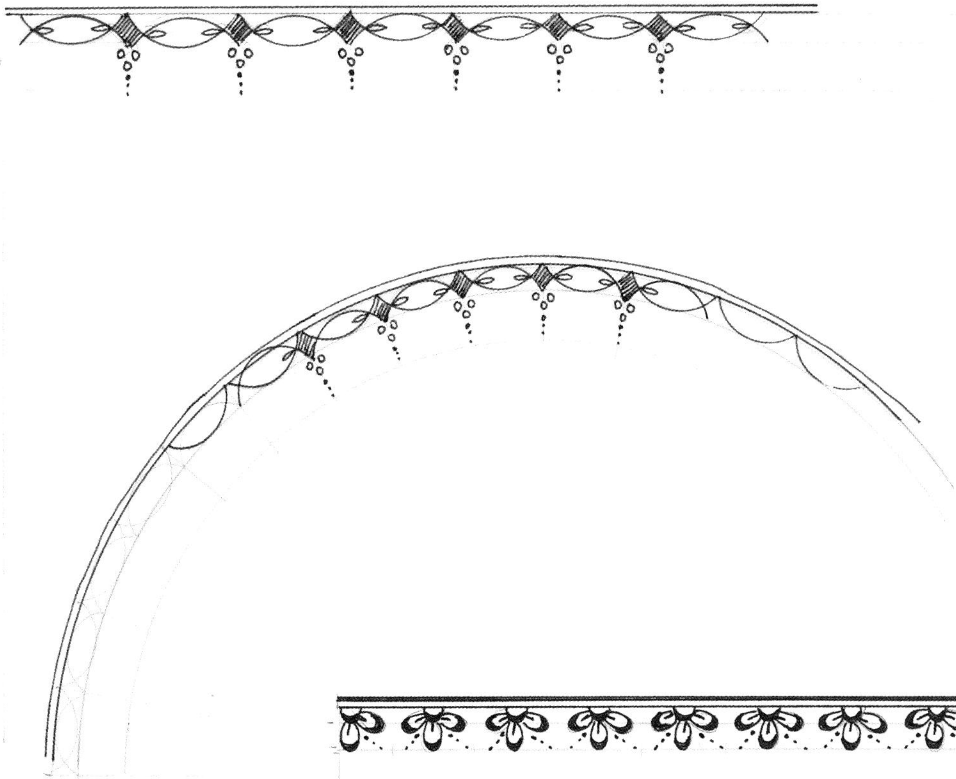

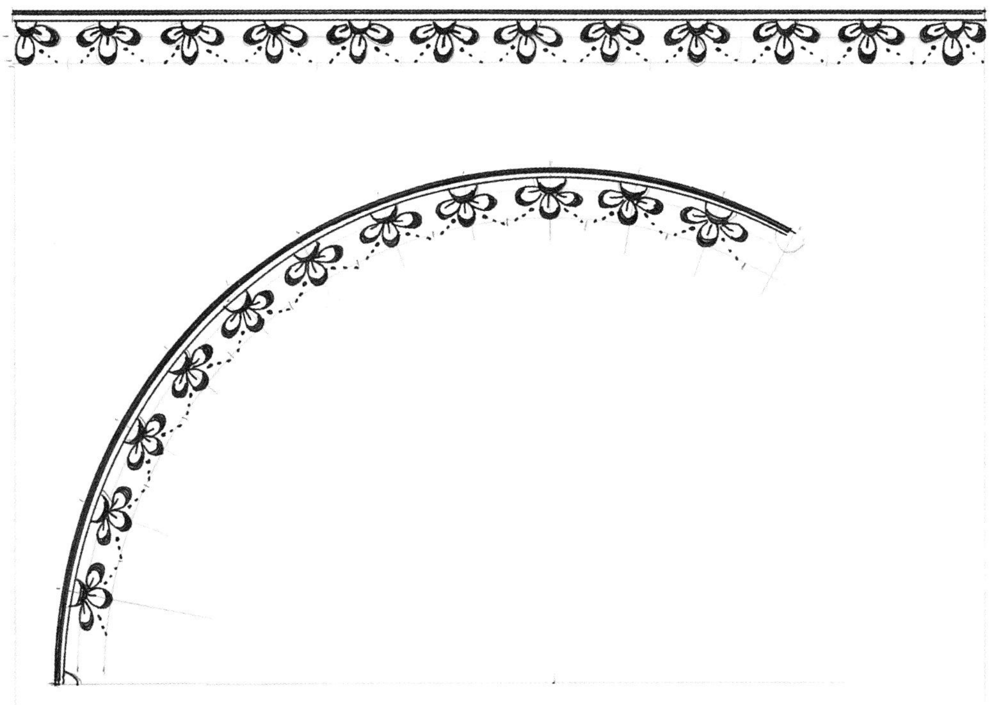

34/35 Entwicklung von Randdekors mit Hilfe des Zirkels und – natürlich – der Segmenteinteilung.

36 Einfache, aber sehr dekorative Girlanden.

37 Die Segmenteinteilung eines Tellers muß nicht immer dieselbe sein: auch abwechselnd schmale mit breiteren Abschnitten machen sich gut.

38 Greifen Sie ruhig auf das Meißner Repertoire zurück und lassen Sie alle denkbaren Blümchen, von Gold eingerahmt, sprießen: Rose, Margerite, Akelei . . .

39 Die Farbkombination von Rosé mit Blau und Gold hat eine sehr elegante Ausstrahlung.

MALERISCHE FLORALE KANTEN

Blumenkanten auf eckigen Porzellanteilen

Eckige Gegenstände aus Porzellan vertragen nicht immer weich und rund geschwungene Bordüren oder Ranken, denken wir nur einmal an eine Zigarettendose oder Schreibtischsets. Oft ist es notwendig, auf die kantige Grundform einzugehen und den Verlauf entlang der geraden Begrenzung zu führen. Auf Abbildung 40 sehen wir den Deckel einer Dose. Die Aufgabenstellung lautete, ihn nicht zu überladen, eher dezent am Rand zu dekorieren. Ich habe die vom Auftraggeber gewünschten Rosen- und Vergißmeinnichtblüten in einem luftigen Band am Rand des Teils entlanggeführt.
Zuerst setzte ich an jede Ecke des Deckels eine kleine Rose mit etwas Blattgrün und Gräschen. Danach kam genau in die Mitte zwischen den in Purpur gehaltenen Rosen je ein winziges Vergißmeinnichtsträußchen. Die einzelnen Blütensegmente wurden schließlich mit feinen Linien aus Gräsern verbunden, die den duftigen Eindruck von Stoffbändern haben. So gestaltet, wirkt eine Randdekoration immer leicht und beschwingt, da an keiner Stelle eine »Blütenenge« aufkommt. Man kann die verbindenden Stiele natürlich auch weg- und die Sträußchen alleine stehen lassen. Dabei geht dann aber der rahmende Eindruck verloren.
Über dem Dosendeckel sehen Sie einmal den Werdegang einer »reinen« Vergißmeinnichtkante. Von links beginnend, gehen Sie wie folgt vor:
– Geben Sie sich zuerst in groben Ovalen den Sitz der Hauptblüten vor. In weichen Schwüngen wird jetzt schon die Grundbewegung des Bandes eingezeichnet. Diese Linien stellen später die Stiele der Blumen dar.
– In die Ovale werden die Vergißmeinnicht mit allen fünf Einzelblättchen eingezeichnet. Achten Sie auch auf interessante Überschneidungen mehrerer Blumen und auf genügend kleine Knospen. Die verbindenden Linien werden exakter ausgearbeitet und mit kleinen Gabelungen zu Stielen konkretisiert.
– Weiter rechts sehen Sie schließlich, wie die Grünblättchen eingebracht werden und wie man dann an die Schattierung gehen kann, was natürlich mit Farbe geschieht.
Diese Vergißmeinnichtkante kann beliebig lang und breit auf so ziemlich jedes Porzellanteil gemalt werden. Ihren Verlauf bestimmt die jeweilige Form. Natürlich kann auch hier die Blumensorte geändert werden: auf Abbildung 41 sehen wir denselben fortlaufenden Kantentyp, gemalt mit Veilchen. Lediglich die Größe der Blüten und natürlich ihre Blattformen sind anders, der wiederkehrende Rhythmus einer bestimmten Sorte bleibt konstant.

40 Dosendeckel mit beschwingtem Rosen- und Vergißmeinnichtdekor. Da es sich um ein gebräuchliches Format handelt, wäre es vielleicht doch lohnend, wenn Sie ihn durch Nachzeichnen Ihrem ganz persönlichen Formenschatz eingliedern würden.

41 Eckige Kanten mit (oben) stilisierten Veilchen; darunter ein Eckabschluß, geziert durch Bandwinden sowie Pfingstrose und Rose als Mittelpunkt eines kleinen Buketts.

Ebenfalls auf Seite 40 habe ich zwei Einzelecken von Dosen herausgenommen und mit verschiedenen Blumenmalereien versehen. Kanten lassen sich also hübsch mit Einzelsträußchen dekorieren, ohne fortlaufende Bänder aufzubringen. Im zweiten Beispiel sind Bandwinden als einzige Blumenart zu sehen. Ganz in Blau gehalten und von drei Hauptblüten ausgehend, löst sich das Sträußchen nach der Seite und unten über halbe Blüten und Knospen auf und wird durch dünnste Linien am Rand des Deckels eingefaßt. Beispiel drei zeigt ein mehrsortiges Bukett in typischer Maniermalerei. Auch bei dieser Variante liegt das Hauptaugenmerk auf der großen Blüte in der Mitte. Die kleineren Blumen lösen das Motiv nach außen hin auf. Schließlich noch ein zartes Bukett, das als Mitteldekor in eine Rankenmalerei eingesetzt werden kann.

42 Drei Beispiele für einfache Bordüren in höchstens drei Farben, dafür mit Goldanteil.

43 Röschen, Veilchen, Winden – kurz, alle klassischen Blüten – »tummeln« sich hier im Wechsel auf diesen Kanten.

44 Eine Meißner Zuckerdose mit feinen Blümchenranken. Die Buketts sind durch dünne Blumenstengel miteinander verbunden und mit Streublümchen ergänzt.

Früchte

Bei den malerischen Randgestaltungen können sowohl Blumen als auch Früchte mit den zugehörigen Blüten verwendet werden. Auf Abbildung 45 der Seite 45 sehen Sie beispielsweise einige Früchtevarianten, die – zur besseren Abnahme mit Pauspapier für Sie – in Schwarzweiß gehalten sind. Im Beispiel oben haben wir verschiedenste Früchte, lose aneinandergereiht, zu einem fortlaufenden Band gestaltet. Zwischen den großen dominanten Fruchtformen bringen wir mittelgroße Füller wie Kirschen oder Brombeeren. Dazu noch einzelne Grünformen des Blattwerks und der Blüten. Verbunden werden all diese Details mit feinen Ästchen und Gräsern, die feingliedrig durch das gesamte Band laufen. Bei unserem Beispiel sehen Sie sehr gut, wie klar die Hauptfrüchte herausgearbeitet wurden, um den Blick des Betrachters auf sich zu ziehen. Die anderen Einzelheiten rücken bewußt in den Hintergrund und tragen lediglich zum Gesamteindruck bei.

Die Fruchtsorten sind natürlich beliebig austauschbar und können auch in anderen Perspektiven gezeigt werden (z. B. angeschnitten oder seitlich).
Im zweiten Beispiel sind es Pilze, die zu einer Schmuckbordüre verbunden wurden. Das Grundprinzip ist gleich, nur die doch etwas anderen Formen müssen dekorativ komponiert werden. Bewährt hat sich bei Waldfrüchten die Variante, daß man die Pilze so malt, als wären sie gerade aus einem Korb ausgeschüttet worden, also recht bunt durcheinander. Sie sehen folglich viele Pilze, die auf dem Kopf stehen oder quer im Band liegen. Komplettiert wurde diese Ranke mit Waldlaub und kleineren »Streufrüchten«. Eine fest verbindende Linie durch Äste oder kleinere Zweige wurde bewußt vermieden, um die Malerei locker wirken zu lassen.

Mein Tip:
Nehmen Sie zur ersten Übung am besten die Kante mit einer Pause aus diesem Büchlein ab, um sie praktisch nachzuvollziehen. Das erspart Ihnen zunächst den mühsamen Prozeß der Komposition, und Sie können sich anfangs voll auf die malerische Ausführung konzentrieren.

In unserem dritten Beispiel haben wir nur eine einzelne Waldfruchtsorte (Brombeeren) ausgearbeitet. Wir verteilen zunächst verschiedene Größen von Einzelbeeren auf der gesamten Länge der Bordüre. Setzen Sie dabei öfters zwei Beeren zusammen, damit wir schöne Hell-/Dunkel-Effekte herausarbeiten können. In die verbliebenen Lücken fügen wir nun das dazugehörige Brombeerlaub ein; in verschiedenen Größen und sehr vielfarbig in der malerischen Gestaltung. Die noch fehlenden Zweige werden zuletzt sehr zackig und stachlig ergänzt.

45 Kanten mit Baum- und Waldfrüchten machen sich sehr gut auf Porzellandosen und anderen Behältnissen, in denen man etwa getrocknete Pilze verwahrt oder selbstgemachte Marmelade.

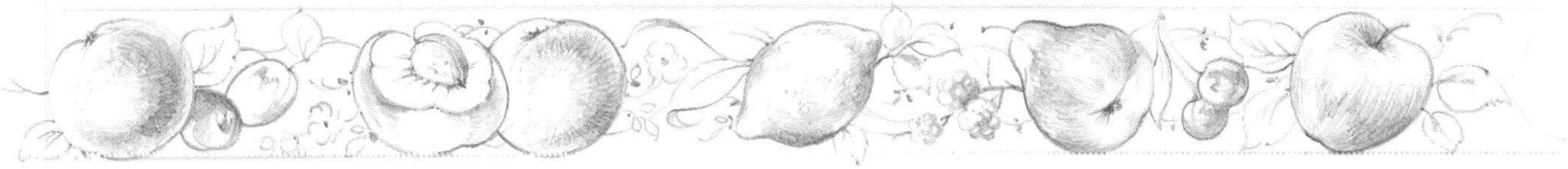

46 Entwürfe für Früchtedekors.

Diese spezielle Variante mit nur einer Fruchtart kann natürlich mit vielen weiteren Obstsorten fortgeführt werden: Stachelbeeren, Johannisbeeren, Blaubeeren oder auch Kirschen und kleine Pflaumen sind geeignete Früchte, um diese Malereien plastisch und ausdrucksstark »zum Leben zu erwecken«. Aber auch Gemüsearten sollten nicht vergessen werden. In jeder Küche machen sich selbstbemalte Gewürz- oder Gemüsebehältnisse aus Porzellan gut. Achten Sie aber darauf, daß die Dekoration auch zum Inhalt paßt! Also beispielsweise Früchtekanten auf Konfitüredosen oder auch dem Teeservice (Früchtetee!); Pilzdekore für die Porzellandose, in der die getrockneten Pilze bewahrt werden. Und die Brombeeren für das Schälchen mit Brombeergelee.
Sind einmal recht viele dieser appetitlichen Ranken und Kanten in Ihrer Küche oder speziell im Gewürzbord anzutreffen, ergibt sich überall ein ansprechender Blickfang. Das gilt natürlich besonders für Geschirrteile, da durch diese Dekore der appetitanregende Anblick der Speisen unterstützt wird.

Phantasiedekore – Schritt für Schritt

Auf Seite 49 finden Sie zwei Beispiele für Phantasiekanten, die in ihrer Ornamentik an florale Formen angelehnt sind. Die Schritt für Schritt-Gestaltung ist bei beiden gleich und gilt in der folgenden Beschreibung für beide. Betrachten Sie die Ornamentkanten bitte von links nach rechts:

– Zeichnen Sie zunächst die genaue Breite der zu malenden Kanten vor (mit Fettstift). Sie ist der wichtige, äußere Rahmen aller Details und muß also klar »stehen«.

– Nun fügen Sie alle notwendigen Einzelgliederungen ein, die den groben Sitz von Blüten, Blättern usw. angeben. Bei Tellern hilft Ihnen dabei die Einteilungsscheibe, die Ihnen eine Dreier-, Sechser-, Zwölfer- und andere Teilung erleichtert. Sie arbeiten jetzt immer noch mit dem Fettstift!

– In die so entstandenen Einzelfelder setzen wir jetzt klare Dekorsegmente. In unseren Beispielen sind diese Formen wiederkehrend und somit recht einfach zu erstellen. Geben Sie die Form der stilisierten Blüten und Blätter dünn an (mit Bleistift). Das gilt auch für die feinen Gebilde in den Rändern oben und unten. Seien Sie bei diesem Arbeitsschritt recht sorgfältig, da wir jetzt gemachte Fehler später nur sehr umständlich korrigieren können. Versuchen Sie den Bleistiftstrich auf dem Scherben sehr zart zu halten, da Sie so gräuliche Schleier in der Farbe vermeiden. (Beim anschließenden Farbeanlegen wird nämlich oft der Fettstift wieder angelöst und sitzt in der Farbfläche.)

– Ist das gesamte Motiv rund um den Gegenstand fein aufgezeichnet, kann die erste dünne Farbanlage erfolgen. Nehmen Sie dazu, je nach Vorlage, einen hellen Grundton, der noch keine plastischen Einzelheiten hervorhebt. Man soll zunächst nur erkennen, wo welche Farbe sitzt. Ist das in der gesamten Bordüre geschehen, kann auch schon das Gold in die Malerei eingebracht werden. In unseren Beispielen ist das Gold wie in natura schwarz gehalten.

– Für etwas ungeübtere Maler empfiehlt sich jetzt ein Zwischenbrand, um die hellen Farben und das Gold zu fixieren und mehr Sicherheit bei der Ausarbeitung zu haben. Setzen Sie diesen Brand bei ca. 760° C an, damit die Farben möglichst nicht zweimal die volle Temperatur von über 800°C aushalten müssen. Das schwächt bekanntlich einige Töne farblich ab und gibt ein leicht verfälschtes Bild.

47 Dekor »MANDARIN«, Entwurf K. Thieß (vgl. Abbildung 71 und 74).

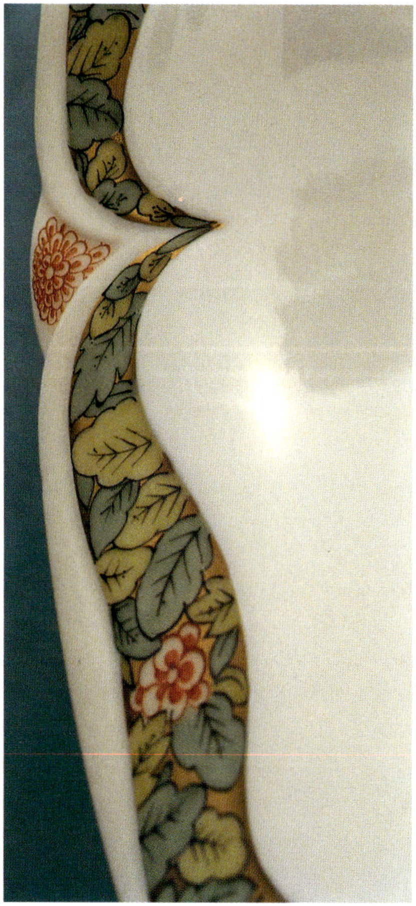

– Kommt das Stück nun aus dem Ofen, haben wir eine klare, saubere Anlage vor uns, da auch all die Bleistiftvorzeichnungen weggebrannt sind. Somit kann ohne störende Linien weitergearbeitet werden. Wählen Sie einen feinen Zeichenpinsel, der nicht zuviel Körper haben muß. Entsprechend der Vorlage werden nun alle Details und Feinheiten ins Dekor übernommen.

Mein Tip:

Malen Sie immer erst *eine* Farbe fertig. Das gewährleistet eine gleichbleibende Farbtiefe im Muster, da man natürlich alle Blüten in Rot an einem Stück ausarbeitet. Würde man zwischendurch ins Grün wechseln, hätte das nächste rote Blümchen sicher ein anderes Rot als das zuvor gemalte.

Bei vielen Details in unseren Beispielen können Sie übrigens wie bei der Grünbehandlung in der Blumenmalerei verfahren, also erst eine rahmende Grünzeichnung einsetzen und dann die plastischen Schattierungen hineinbringen. Insgesamt gesehen sind die beiden Beispiele von Seite 49 recht einfach und sollten als mittelschwere Lernübung schnell nachvollziehbar sein.

48 Eine farblich ansprechende florale Phantasiekante, inspiriert durch eine Tulpenblüte.

49 Phantasiekante mit Adonisröschen-Blüten und akanthusförmigem, sich dekorativ windenden Blattgrün.

50/51 Girlanden und Ranken, hier abgenommen von einem Letraset-Musterbogen, sind hervorragend geeignet zur Einfassung von Namensschildern oder zur Ausschmückung von Initialien. – Beide Abbildungen mit freundlicher Genehmigung der Letraset Deutschland GmbH.

52 Teilweise reliefierter Teller mit einem fröhlich-bunten Blütenreigen in der Mitte.

AUSGEFÜHRTE PORZELLANMALEREIEN

53 Serviettenring mit Rosenmalerei, ein Teil davon medaillonartig eingerahmt und optisch herausgehoben durch die auf den Ring aufgesetzte Arbeit.

54 Ein Kranz rosa Röschen belebt diesen Teller.

55 Runde Meißner Dose mit einer Aurikel-Kante auf dem Dosendeckel. Der Farbwechsel von Ocker zu Violett ist sehr reizvoll (vgl. Abb. Seite 2).

56 Eine solche Goldkante – hier am Deckelrand einer Dose und am Dosenfuß gemalt – könnte man als »mittelschwer« in ihrer Gewichtigkeit bezeichnen (vgl. auch die Abbildungen 30 und 31).

57 Der Deckelrand gibt dem eleganten Bukett den würdigen Rahmen.

58 Beim Dekorieren von Porzellaneiern ist es unerläßlich, eine Vielzahl von Dekorvarianten zur Auswahl zu haben. In unserem Beispiel ist es eine leichte Blümchenranke, die sich jeweils wie eine Art Bauchbinde um die Ober- und Unterseite des Eies legt.

59 Das mittige Dekor unterstreicht die dem Auge und der Hand wohlgefällige Eiform ganz besonders.

60 Diese Dose ist mit einem Deckelknauf in Entenform versehen. Das Entlein wurde selbst ganz schwach staffiert.

61 Als Bordüre wurden nur Blüten gewählt, die auch tatsächlich zur Jahreszeit – Frühling – und zum Osterfest passen.

62 Das wohl bekannteste Rankenmotiv auf Porzellan – das berühmte Meißner Weinlaub – ist heute schon zum Klassiker geworden.

63 Diese großzügig angelegte Veilchenkante auf einem Tellerrand macht deutlich, wie dekorativ die Plazierung auf der Tellerfahne sein kann.

64 Porzellanei mit farblich interessant gewählter Indischmalerei. Die Randkante sollte immer in Harmonie mit dem eigentlichen Motiv befindlich sein.

65 Farblich zum Porzellanei passender Teller mit Indischkante und klassischen Details.

66 Schale mit Purpurindisch-Rand.

67 Achteckiger Teller, Purpurindisch-Dekor.

68 Den gebogenen Rand dieser Schale in Indischgrün mit Dreiblattdekor ziert ein schmaler Streifen mit Kringelelementen und kleinen Blättchen.

69 Diese Teedose ist durch eine kleine Kante am Deckel ausgeschmückt. Beim eigentlichen Korpus wurden nur zwei Linien freihändig gezogen.

70 Diese kobaltblaue Indischmalerei auf einem Dosendeckel hat wie viele ostasiatische Beispiele eine zartgliedrige Randkante erhalten.

71 Dekor »MANDARIN«, Entwurf K. Thieß. Bei diesem Bänderdekor werden die mit Feder gezeichneten Blättchen hellgrün und hellblau lasiert. Eine zusätzliche farbliche Auflockerung bringen die rot eingesetzten Rosetten in den Blättern. Danach wird das Dekor mit einem schweren Goldband als Hintergrund unterlegt. Die schwungvolle Bewegtheit der Kante wurde dem Relief des Scherbens angeglichen und wirkt dadurch sehr harmonisch (vgl. Abb. 47 und Abb. 74).

72 Beispiel einer verspielten Goldkante, die ausschließlich mit dem Pinsel gemalt ist. Alle Elemente wiederholen sich erkennbar mehrmals.

73 Für Liebhaber des Barocken: Ein Beispiel des Meißner Schwanenservices mit farbigem Fond und breitem Goldband.

74 Dekor »MANDARIN«. Trotz des hohen Goldanteils wirkt das umlaufende Band leicht und beschwingt (vgl. Abb. 71).